Puja Acharya

Computação Neuromórfica: Princípios, desafios e direcções futuras

Puja Acharya

Computação Neuromórfica: Princípios, desafios e direcções futuras

ScienciaScripts

Imprint

Any brand names and product names mentioned in this book are subject to trademark, brand or patent protection and are trademarks or registered trademarks of their respective holders. The use of brand names, product names, common names, trade names, product descriptions etc. even without a particular marking in this work is in no way to be construed to mean that such names may be regarded as unrestricted in respect of trademark and brand protection legislation and could thus be used by anyone.

Cover image: www.ingimage.com

This book is a translation from the original published under ISBN 978-620-7-47190-4.

Publisher:
Sciencia Scripts
is a trademark of
Dodo Books Indian Ocean Ltd. and OmniScriptum S.R.L publishing group

120 High Road, East Finchley, London, N2 9ED, United Kingdom
Str. Armeneasca 28/1, office 1, Chisinau MD-2012, Republic of Moldova, Europe
Printed at: see last page
ISBN: 978-620-7-36701-6

Copyright © Puja Acharya
Copyright © 2024 Dodo Books Indian Ocean Ltd. and OmniScriptum S.R.L publishing group

COMPUTAÇÃO NEUROMÓRFICA: PRINCÍPIOS, DESAFIOS E DIRECÇÕES FUTURAS
UM LIVRO DO DR. PUJA ACHARYA
PROFESSOR ASSISTENTE
K.R. MANGALAM UNIVERSITY GURGAON, ÍNDIA

ÍNDICE DE CONTEÚDOS

CAPÍTULO 1 5

CAPÍTULO 2 9

CAPÍTULO 3 13

CAPÍTULO 4 22

CAPÍTULO 5 28

CAPÍTULO 6 34

CAPÍTULO 7 41

CAPÍTULO 8 44

CAPÍTULO 9 47

CAPÍTULO 10 50

CAPÍTULO 11 53

REFERÊNCIAS 59

RESUMO

"Neuromorphic Computing: Principles, Challenges, and Future Directions" é uma exploração exaustiva do campo emergente da computação neuromórfica, oferecendo uma visão dos seus princípios fundamentais, desafios actuais e direcções futuras promissoras. Da autoria de especialistas na matéria, este livro apresenta uma análise pormenorizada dos conceitos subjacentes, dos avanços tecnológicos e das potenciais aplicações dos sistemas de computação neuromórfica.

O livro começa com uma introdução aos princípios da computação neuromórfica, destacando a sua inspiração na estrutura e função das redes neuronais do cérebro humano. Discute os principais componentes dos sistemas neuromórficos, incluindo neurónios com picos, ligações sinápticas e processamento orientado por eventos, e explica como estes elementos contribuem para o paralelismo, o funcionamento com baixo consumo de energia e a adaptabilidade característicos das redes neuronais biológicas.

Partindo desta base, o livro explora os actuais desafios que se colocam à computação neuromórfica, com especial destaque para a escalabilidade, a robustez e a necessidade de novos algoritmos e paradigmas de programação. Discute as limitações das arquitecturas de hardware e algoritmos neuromórficos existentes e examina potenciais estratégias para ultrapassar estes desafios através de investigação interdisciplinar, colaboração aberta e soluções inovadoras.

Para além de abordar os desafios, o livro também explora as futuras direcções da computação neuromórfica, destacando as tendências emergentes e as promissoras direcções de investigação. Discute as potenciais aplicações da computação neuromórfica em diversos domínios, incluindo a inteligência artificial, a robótica, a neurociência e outros, e explora as implicações éticas, jurídicas e sociais desta tecnologia.

Globalmente, "Neuromorphic Computing: Principles, Challenges, and Future Directions" constitui um recurso abrangente para investigadores, engenheiros, estudantes e todos os interessados em explorar as fronteiras da computação neuromórfica. Ao abordar os princípios fundamentais, os desafios actuais e as direcções futuras deste domínio em rápida evolução, o livro pretende inspirar a inovação e promover a colaboração no sentido de concretizar todo o potencial das tecnologias de computação neuromórfica.

CAPÍTULO 1
COMPUTAÇÃO NEUROMÓRFICA

1.1 Introdução

A computação neuromórfica é um campo de investigação de ponta que se inspira na arquitetura e na funcionalidade do cérebro humano para desenvolver sistemas de computação mais eficientes e potentes. A computação neuromórfica, inspirada na neurociência, procura imitar as capacidades notáveis do cérebro humano em sistemas artificiais. A compreensão da estrutura e da função das redes neuronais do cérebro fornece informações valiosas para a conceção de arquitecturas de computação mais eficientes e potentes. Ao contrário das arquitecturas tradicionais de von Neumann presentes nos computadores convencionais, que separam a memória das unidades de processamento, a computação neuromórfica procura emular as redes neuronais do cérebro diretamente no hardware[1]. A computação neuromórfica representa uma mudança de paradigma no domínio da inteligência artificial e da computação, inspirando-se na arquitetura e no funcionamento do cérebro humano. Na sua essência, a computação neuromórfica tem como objetivo emular os princípios da computação neural encontrados nas redes neurais biológicas, utilizando hardware e algoritmos especializados. Esta abordagem oferece várias vantagens em relação aos paradigmas de computação tradicionais, incluindo eficiência energética, paralelismo e adaptabilidade.

1.2 Inspiração biológica

A computação neuromórfica inspira-se na notável capacidade do cérebro para processar informação em paralelo, aprender com a experiência e adaptar-se a ambientes em mudança. O cérebro humano é constituído por milhares de milhões de neurónios interligados que comunicam através de sinais electroquímicos, formando redes complexas responsáveis pela perceção, cognição e comportamento. A computação neuromórfica inspira-se na estrutura e função das redes neuronais do cérebro. O seu objetivo é reproduzir o processamento paralelo, o funcionamento com baixo consumo de energia e a adaptabilidade dos neurónios e sinapses biológicos.

1.2.1 Estrutura das redes neuronais

• O cérebro é constituído por milhares de milhões de neurónios interligados, organizados em redes complexas. Estes neurónios comunicam entre si através de sinais electroquímicos transmitidos pelas sinapses.

• Os neurónios estão altamente interligados, formando redes intrincadas responsáveis pelo processamento e transmissão de informação.

• Cada neurónio recebe sinais de entrada de várias fontes, integra-os e gera um sinal de saída se determinados limiares de ativação forem atingidos.

1.2.2 Função dos neurónios

• Os neurónios processam a informação através de uma série de eventos electroquímicos. Quando um neurónio recebe sinais de entrada de outros neurónios, integra esses sinais nos seus dendritos e no corpo celular[2].

• Se os sinais integrados ultrapassarem um determinado limiar, o neurónio gera um sinal de saída, conhecido como pico ou potencial de ação, que se propaga ao longo do seu axónio para comunicar com outros neurónios.

• A força das ligações sinápticas, representada pelos pesos sinápticos, determina o impacto dos sinais de entrada na ativação dos neurónios. A plasticidade sináptica, a capacidade de as sinapses se reforçarem ou enfraquecerem ao longo do tempo, está na base dos processos de aprendizagem e de memória no cérebro.

1.2.3 Processamento paralelo

• O cérebro é excelente no processamento paralelo, com milhares de milhões de neurónios a processar informação em simultâneo. Este paralelismo permite que o cérebro efectue cálculos complexos de forma eficiente e rápida[3].

• A computação neuromórfica visa reproduzir este paralelismo através da conceção de arquitecturas de hardware capazes de processar simultaneamente múltiplos cálculos de forma massivamente paralela.

1.2.4 Funcionamento com baixo consumo de energia

• Apesar do seu poder computacional, o cérebro funciona com um consumo de energia extremamente baixo em comparação com os sistemas de computação tradicionais.

• Os neurónios comunicam através de picos esparsos e assíncronos, que consomem muito menos energia do que a transmissão contínua de sinais.

• A computação neuromórfica tira partido deste esquema de comunicação energeticamente eficiente, empregando frequentemente o processamento orientado por eventos e implementações de hardware de baixo consumo para obter ganhos de eficiência semelhantes.

1.2.5 Adaptabilidade e plasticidade

• O cérebro apresenta uma adaptabilidade e uma plasticidade notáveis, que lhe permitem aprender com a experiência, religar as ligações neuronais e adaptar-se continuamente a ambientes em mudança.

• A computação neuromórfica procura imitar esta adaptabilidade, incorporando mecanismos de plasticidade sináptica e de aprendizagem nas redes neuronais artificiais[4].

• Ao permitir a aprendizagem em linha e a adaptação em tempo real, os sistemas neuromórficos podem melhorar autonomamente o seu desempenho e adaptar-se a condições dinâmicas sem necessidade de reprogramação.

Em resumo, a computação neuromórfica inspira-se na estrutura e função das redes neuronais do cérebro para desenvolver sistemas artificiais capazes de processamento paralelo, funcionamento com baixo consumo de energia e adaptabilidade. Ao replicar os princípios da computação neuronal, as arquitecturas neuromórficas têm o potencial de revolucionar a computação, permitindo sistemas mais eficientes e inteligentes para uma vasta gama de aplicações.

CAPÍTULO 2

REDES NEURONAIS DE ESPIGÕES (SNNS)

2.1 Introdução às Redes Neuronais de Pico (SNNs)

No centro da computação neuromórfica estão as redes neuronais de picos, que funcionam com base nos princípios dos neurónios de picos. Em vez de sinais de propagação contínua como nas redes neuronais artificiais tradicionais (RNA), as SNN comunicam através de picos discretos ou impulsos de atividade, semelhantes ao disparo de neurónios no cérebro. Este processamento orientado por eventos reduz o consumo de energia e oferece potencial para uma computação altamente paralelizada.

Os neurónios de picos estão no centro da computação neuromórfica, incorporando as unidades fundamentais de computação inspiradas no comportamento dos neurónios biológicos do cérebro. Estes neurónios funcionam com base no princípio da geração de impulsos discretos ou picos de atividade em resposta a sinais de entrada, o que os diferencia fundamentalmente dos neurónios artificiais tradicionais encontrados nas redes neuronais convencionais. O funcionamento dos neurónios spiking pode ser entendido através de vários processos-chave[5].

Em primeiro lugar, os neurónios que produzem picos integram os sinais recebidos dos neurónios ligados, agregando-os ao longo do tempo nos seus dendritos e corpo celular. Este processo de integração permite ao neurónio acumular entradas sinápticas e avaliar se deve ser gerado um pico com base em determinados limiares de ativação. Ao atingir um limiar, o neurónio emite um pico de saída, ou potencial de ação, que se propaga pelo seu axónio para comunicar com os neurónios a jusante. É importante notar que o tempo e a frequência destes picos codificam informações sobre os estímulos de entrada, proporcionando um meio de comunicação rico e eficiente nas redes neuronais. Além disso, os neurónios com picos apresentam períodos refractários, durante os quais são temporariamente incapazes de gerar picos adicionais após um pico de saída, contribuindo para a dinâmica temporal da computação neural. Através destes mecanismos de integração, limiarização e geração de picos, os neurónios spiking permitem um processamento eficiente e assíncrono da informação, espelhando a dinâmica complexa das redes neuronais observadas no cérebro.As redes neuronais spiking (SNN) representam uma componente fundamental da computação neuromórfica, concebida para imitar o comportamento dos neurónios biológicos mais de perto do que as redes neuronais artificiais (RNA) tradicionais. As SNNs funcionam com base nos princípios dos neurónios spiking, em que a informação é transmitida através de impulsos discretos ou picos de atividade, semelhantes ao disparo de neurónios no cérebro. Aqui está uma exploração pormenorizada das SNNs e do seu significado na computação neuromórfica:

2.2 Princípios dos neurónios de estimulação

Os neurónios biológicos comunicam através de breves impulsos eléctricos denominados potenciais de ação ou picos. Estes picos representam as unidades fundamentais da computação neural no cérebro. Os neurónios com picos integram os sinais de entrada ao longo do tempo e geram picos de saída quando determinados limiares de ativação são ultrapassados. O tempo e a frequência dos picos transmitem informações sobre os estímulos de entrada. Ao contrário dos neurónios artificiais tradicionais das RNAs, que funcionam com base em funções de ativação contínuas, os neurónios com picos processam a informação em passos de tempo discretos, reflectindo a natureza assíncrona e orientada para os eventos da computação neuronal no cérebro[6].

2.3 Processamento orientado por eventos

As redes neuronais de picos utilizam o processamento orientado por eventos, em que os cálculos são accionados pela ocorrência de picos de entrada, em vez de serem realizados continuamente. Esta abordagem orientada por eventos reduz a sobrecarga computacional e o consumo de energia, concentrando a computação apenas em eventos de entrada relevantes, tornando as SNNs inerentemente mais eficientes em termos energéticos em comparação com as ANNs. Ao aproveitar a comunicação esparsa e o processamento dependente da atividade, as SNNs podem atingir um elevado rendimento e uma operação de baixa latência, essenciais para aplicações em tempo real, como o processamento sensorial e a robótica.

2.4 Implementação de Hardware Neuromórfico

As plataformas de hardware neuromórfico, como os chips neuromórficos e os processadores inspirados no cérebro, são concebidas para suportar a execução eficiente de SNNs. Estas implementações de hardware utilizam frequentemente circuitos analógicos, memristores ou dispositivos emergentes à nanoescala para emular o comportamento de neurónios e sinapses biológicos.
Ao explorar o paralelismo e a localidade das computações SNN, as arquitecturas de hardware neuromórfico podem alcançar um funcionamento de alta velocidade e baixo consumo de energia adequado para aplicações de computação incorporada e de ponta.

2.5 Aprendizagem e plasticidade

Os SNNs suportam várias formas de plasticidade sináptica, permitindo uma aprendizagem em linha e um comportamento adaptativo semelhante ao do cérebro. A plasticidade dependente do tempo de disparo (STDP), uma regra de aprendizagem fundamental nas SNN, ajusta os pesos sinápticos com base na correlação temporal entre os disparos pré e pós-sinápticos. Este mecanismo de plasticidade permite que as SNN aprendam com os padrões de picos de entrada e adaptem as suas ligações sinápticas de forma dinâmica, facilitando tarefas como o reconhecimento de padrões, a classificação e o controlo sensório-motor[7].

Em resumo, as Redes Neuronais de Pico (SNNs) representam uma nova abordagem à computação neural inspirada no comportamento de pico dos neurónios biológicos. Ao aproveitar o processamento orientado por eventos, as SNNs oferecem uma computação eficiente em termos energéticos e altamente paralelizada, o que as torna adequadas para aplicações de computação neuromórfica que requerem operação em tempo real e baixo consumo de energia.

CAPÍTULO 3
HARDWARE NEUROMÓRFICO

3.1 Introdução à Implementação de Hardware Neuromórfico

A computação neuromórfica procura emular os princípios da computação neural presentes no cérebro humano, utilizando arquitecturas de hardware especializadas. Ao contrário das arquitecturas von Neumann tradicionais, que separam as unidades de processamento e de memória, o hardware neuromórfico integra neurónios, sinapses e mecanismos de aprendizagem num sistema unificado, permitindo uma computação eficiente e paralelizada. A implementação de hardware de sistemas neuromórficos é crucial para alcançar a eficiência energética, a escalabilidade e o desempenho desejados para as aplicações do mundo real.

A computação neuromórfica dá ênfase ao desenvolvimento de arquitecturas de hardware especializadas e optimizadas para o cálculo de redes neuronais. Estas arquitecturas incorporam frequentemente circuitos analógicos, memristores ou dispositivos emergentes à nanoescala para imitar com maior precisão o comportamento das sinapses e dos neurónios biológicos.

A computação neuromórfica representa uma abordagem revolucionária à computação inspirada na arquitetura e no funcionamento do cérebro humano[8]. Um dos aspectos críticos da computação neuromórfica é a sua implementação em hardware, que visa construir arquitecturas de hardware especializadas capazes de simular e executar eficazmente redes neuronais. Nesta exploração detalhada, vamos aprofundar os meandros da implementação de hardware neuromórfico, abrangendo vários aspectos, como os princípios de conceção, as tecnologias emergentes, os principais desafios e as aplicações no mundo real.

3.2 Princípios de conceção do hardware neuromórfico

As arquitecturas de hardware neuromórfico são concebidas para imitar a estrutura e o funcionamento das redes neuronais biológicas. Os principais princípios de conceção incluem:

• **Neurónios com picos**

As arquitecturas de hardware neuromórficas incorporam neurónios de pico como unidades de processamento fundamentais. Estes neurónios funcionam com base nos princípios dos neurónios biológicos, gerando impulsos discretos ou picos de atividade em resposta a sinais de entrada. Os neurónios no hardware neuromórfico consistem normalmente em circuitos analógicos ou de sinal misto que imitam a dinâmica do disparo neuronal e da geração de picos. Estes circuitos integram sinais de entrada, avaliam limiares de ativação e emitem picos de saída com base em determinadas condições. O hardware neuromórfico implementa normalmente neurónios com picos, que comunicam através de impulsos discretos ou picos de atividade. Estes neurónios integram sinais de entrada ao longo do tempo e geram picos de saída com base em determinados limiares de ativação, assemelhando-se ao comportamento dos neurónios biológicos.

• **Ligações sinápticas**

O hardware neuromórfico incorpora ligações sinápticas com pesos ajustáveis, permitindo a aprendizagem e a plasticidade. Os pesos sinápticos são modificados com base no tempo e na frequência dos picos de entrada, seguindo regras como a plasticidade dependente do tempo de pico (STDP). As sinapses desempenham um papel crucial nas arquitecturas de hardware neuromórficas, facilitando a comunicação e o processamento de informações entre os neurónios. As ligações sinápticas têm pesos ajustáveis que modulam a intensidade da transmissão de sinais entre os neurónios[9].

• **Processamento orientado por eventos**

Ao contrário da computação digital tradicional, que funciona com base em ciclos de relógio, o hardware neuromórfico adopta o processamento orientado por eventos, em que os cálculos são desencadeados pela ocorrência de picos de entrada. Esta abordagem orientada por eventos reduz o consumo de energia, concentrando a computação apenas em eventos de entrada relevantes.

• **Paralelismo e localidade**

O hardware neuromórfico explora o paralelismo e a localidade para efetuar cálculos de forma eficiente. Os neurónios e as sinapses estão dispostos em matrizes interligadas, permitindo um processamento e uma comunicação maciçamente paralelos no substrato do hardware.

3.3 Tecnologias emergentes em hardware neuromórfico

Estão a ser exploradas várias tecnologias emergentes para a implementação de hardware neuromórfico:

3.3.1 Memristores

Os memristores, abreviatura de "memory resistors" (resistências de memória), são dispositivos electrónicos à escala nanométrica que apresentam uma dependência única da resistência em relação à história da tensão ou corrente aplicada. Teorizados pela primeira vez por Leon Chua em 1971 como o quarto elemento fundamental do circuito passivo, a par das resistências, condensadores e indutores, os memristores ganharam significado prático com a sua realização experimental em 2008 por investigadores dos HP Labs liderados por Stan Williams. Desde então, os memristores têm atraído uma atenção significativa devido às suas potenciais aplicações em memória não volátil, computação neuromórfica e muito mais. Os memristores são dispositivos à nanoescala com resistência que pode ser modulada com base no historial de tensões aplicadas.

Apresentam um comportamento analógico semelhante ao das sinapses biológicas, o que os torna adequados para a implementação de ligações sinápticas em hardware neuromórfico. Vamos aprofundar o funcionamento pormenorizado dos memristores: -

• **Funcionamento básico**

Os memristores são dispositivos de dois terminais com uma resistência variável que depende da magnitude e duração da tensão ou corrente aplicada. A resistência de um memristor altera-se em resposta ao fluxo integrado de carga ao longo do tempo, um fenómeno conhecido como memristância. Quando uma tensão é aplicada a um memristor, os iões migram para o interior do dispositivo, alterando a sua estrutura interna e, consequentemente, a sua resistência. Ao contrário das resistências tradicionais, a resistência de um memristor pode ser ajustada tanto para cima como para baixo, permitindo o armazenamento não volátil de informação.

• **Estrutura dos Memristores**

Os memristores são normalmente constituídos por uma fina camada de óxidos de metais de transição colocada entre dois eléctrodos. A camada ativa, frequentemente feita de materiais como o dióxido de titânio ($TiO2$) ou o óxido de háfnio ($HfO2$), sofre alterações reversíveis na resistência quando sujeita a um campo elétrico. A estrutura de um memristor pode ser comparada a um resistor variável, cuja resistência depende da carga total que passou por ele.

• **Mecanismos de comutação da resistência**

Os memristores apresentam diferentes estados de resistência, normalmente designados por estado de alta resistência (HRS) e estado de baixa resistência (LRS), correspondentes ao armazenamento de informação binária (0 e 1). [10] A mudança de resistência nos memristores pode ocorrer através de vários mecanismos, incluindo a migração das vacâncias de oxigénio: O movimento das vacâncias de oxigénio no interior da camada ativa altera a sua condutividade, conduzindo a mudanças de resistência. Formação de filamentos: A aplicação de uma tensão suficientemente elevada pode induzir a formação de filamentos condutores, diminuindo efetivamente a resistência do dispositivo. Metalização eletroquímica: Os iões metálicos migram entre os eléctrodos, formando caminhos condutores e alterando o estado de resistência do dispositivo.

- **Aplicações**

i. Memória não volátil

Os memristores são promissores para as tecnologias de memória não volátil da próxima geração, como a memória resistiva de acesso aleatório (RRAM) e a memória de mudança de fase (PCM). Estas tecnologias de memória oferecem armazenamento de alta densidade, velocidades de leitura/escrita rápidas e baixo consumo de energia em comparação com a memória flash tradicional.

ii. Computação Neuromórfica

Os memristores desempenham um papel crucial na computação neuromórfica, onde funcionam como dispositivos semelhantes a sinapses em redes neuronais artificiais. A sua capacidade de emular a plasticidade sináptica permite a implementação de arquitecturas de computação eficientes em termos energéticos e inspiradas no cérebro, capazes de aprendizagem e adaptação.

iii. Lógica e processamento de sinais

Os memristores podem também ser utilizados em aplicações lógicas e de processamento de sinais, incluindo computação reconfigurável, computação analógica e processamento de sinais neuromórficos.

iv. Segurança do hardware

Os memristores têm demonstrado potencial em aplicações de segurança de hardware, tais como funções físicas não clonáveis (PUFs), devido aos seus estados de resistência únicos e imprevisíveis.

- **Desafios e direcções futuras dos Memristors**

Apesar do seu potencial, os memristores enfrentam desafios como a variabilidade, a resistência e a fiabilidade, que têm de ser resolvidos para uma adoção generalizada em dispositivos comerciais. A investigação em curso centra-se na otimização dos materiais dos memristores, das arquitecturas dos dispositivos e das técnicas de fabrico para melhorar o desempenho, a escalabilidade e a capacidade de fabrico. A integração de memristores com a tecnologia de semicondutores de óxido metálico complementares (CMOS) e outros dispositivos emergentes é também um tema de investigação ativa para realizar sistemas de computação híbridos com maior funcionalidade e eficiência. Em resumo, os memristores representam uma classe promissora de dispositivos electrónicos à escala nanométrica com aplicações que vão da memória não volátil à computação neuromórfica. O seu comportamento único de comutação de resistência e o seu potencial para o armazenamento de alta densidade, a computação de baixo consumo e a computação inspirada no cérebro fazem deles um tema de intensa investigação e desenvolvimento nos domínios da eletrónica e da computação. Espera-se que os avanços contínuos na tecnologia dos memristores impulsionem a inovação e permitam novas gerações de sistemas de computação e dispositivos de memória eficientes em termos energéticos.

3.3.2 Circuitos de neurónios em espiral: Os circuitos analógicos e de sinal misto são concebidos para emular em hardware o comportamento dos neurónios que disparam. Estes circuitos integram componentes como condensadores, resistências e transístores para imitar a dinâmica do disparo neuronal e a geração de picos. Os circuitos de neurónios com picos são circuitos analógicos e de sinal misto especializados, concebidos para emular em hardware o comportamento dos neurónios biológicos com picos. [11] Estes circuitos são elementos fundamentais dos sistemas de computação neuromórfica, permitindo a simulação e execução eficientes de redes neuronais de disparo (SNN). Através da integração de componentes como condensadores, resistências e transístores, os circuitos de neurónios de disparo imitam a dinâmica de disparo neuronal e a geração de picos observada nos neurónios biológicos. Vamos explorar em pormenor os principais componentes e princípios de funcionamento dos circuitos de neurónios de disparo:

- **Componentes**

i. **Condensadores**: Os condensadores armazenam carga eléctrica e desempenham um papel crucial na integração dos sinais de entrada ao longo do tempo, imitando o potencial de membrana dos neurónios biológicos.

ii. **Resistências**: As resistências regulam o fluxo de corrente dentro do circuito e determinam as constantes de tempo que regem a dinâmica dos disparos neuronais e o decaimento do potencial de membrana.

iii. **Transístores**: Os transístores funcionam como interruptores ou amplificadores em circuitos de neurónios com picos, controlando o fluxo de corrente e facilitando a geração e propagação de picos.

iv. **Fontes de tensão**: As fontes de tensão fornecem as tensões e correntes de polarização necessárias para o funcionamento do circuito, assegurando o funcionamento correto do modelo do neurónio de pico.

- **Dinâmica do potencial da membrana**

Os circuitos de neurónios com picos modelam a dinâmica do potencial de membrana em neurónios biológicos, reflectindo a integração de entradas sinápticas e a geração de picos de saída. Os condensadores no circuito acumulam carga em resposta às correntes sinápticas de entrada, representando a integração temporal dos sinais de entrada ao longo do tempo. As resistências no circuito determinam a taxa de decaimento do potencial da membrana, simulando a fuga das membranas neuronais e a perda de carga ao longo do tempo na ausência de sinais de entrada.

- **Deteção de limiar**

Os circuitos de neurónios com picos incorporam mecanismos de deteção de limiares para desencadear a geração de picos quando o potencial de membrana excede um determinado limiar. Os comparadores ou circuitos de limiarização comparam o potencial de membrana com uma tensão de limiar predefinida, gerando um pico de saída quando o limiar é ultrapassado. A deteção de limiar assegura que o circuito se comporta de forma semelhante aos neurónios biológicos, disparando picos apenas quando é acumulado um nível suficiente de entrada sináptica.

- **Geração e propagação de picos**:

Ao ultrapassar o limiar de tensão, os circuitos de neurónios com espículas geram espículas de saída, imitando os potenciais de ação observados nos neurónios biológicos. Os picos de saída são normalmente representados como impulsos de tensão ou sinais digitais, dependendo da implementação específica do circuito. A propagação de picos dentro do circuito pode envolver amplificação, modelação ou transmissão através de nós interligados, simulando a propagação de potenciais de ação ao longo de axónios e sinapses em redes neuronais biológicas.

- **Adaptação e plasticidade**

Os circuitos avançados de neurónios de estimulação podem incorporar mecanismos de plasticidade sináptica e de comportamento adaptativo, permitindo que o circuito modifique as suas características de resposta com base na atividade de entrada. Os mecanismos de plasticidade sináptica, como a plasticidade dependente do tempo de disparo (STDP), permitem capacidades de aprendizagem e de memória nos circuitos de neurónios de disparo, facilitando a implementação de algoritmos de aprendizagem neuromórficos e de funções cognitivas[12].

- **Aplicações**

i. Os circuitos de neurónios de estimulação encontram aplicações em vários domínios, incluindo a computação neuromórfica, as interfaces cérebro-computador, a robótica e o processamento de sinais.

ii. Eles servem como blocos de construção para a implementação de SNNs em hardware, permitindo o processamento em tempo real e com baixo consumo de energia de dados sensoriais, reconhecimento de padrões e tarefas cognitivas.

iii. Os circuitos de neurónios de estimulação também facilitam o desenvolvimento de sistemas de computação inspirados no cérebro, capazes de aprendizagem, adaptação e comportamento autónomo, abrindo novas vias para a investigação em inteligência artificial e ciências cognitivas.

Em resumo, os circuitos de neurónios com picos desempenham um papel fundamental na computação neuromórfica, emulando em hardware o comportamento dos neurónios com picos biológicos. Ao integrarem condensadores, resistências, transístores e mecanismos de deteção de limiares, estes circuitos reproduzem a dinâmica do potencial de membrana, a geração de picos e a integração sináptica observada nas redes neuronais biológicas. Os circuitos de neurónios estimulantes permitem a implementação de sistemas de computação eficientes em termos energéticos, inspirados no cérebro, com aplicações em inteligência artificial, robótica e neurociência.

CAPÍTULO 4
CHIPS NEUROMÓRFICOS

4.1 Introdução aos chips neuromórficos

Os chips neuromórficos são plataformas de hardware especializadas, concebidas para suportar a execução eficiente de redes neuronais de espículas (SNN) e outros modelos de computação neuromórfica.

Estes chips integram milhares a milhões de neurónios artificiais e sinapses num único chip, permitindo uma computação paralela e eficiente em termos energéticos, inspirada na arquitetura e no funcionamento do cérebro. [14]

Os chips neuromórficos ganharam uma atenção significativa devido ao seu potencial para a realização de sistemas de computação inspirados no cérebro com aplicações em inteligência artificial, robótica, processamento de sinais e muito mais. Vamos explorar em pormenor os principais aspectos e características dos chips neuromórficos:

- **Arquitetura**:

Os chips neuromórficos apresentam uma arquitetura maciçamente paralela, com milhares a milhões de neurónios artificiais e sinapses interligados no chip. Os neurónios e as sinapses estão normalmente dispostos em matrizes ou grelhas, permitindo uma comunicação e computação eficientes dentro do chip. A arquitetura dos circuitos integrados neuromórficos está optimizada para o processamento em tempo real de redes neuronais de picos, com suporte para computação orientada por eventos e plasticidade sináptica.

- **Modelos de neurónios e sinapses**

As pastilhas neuromórficas implementam modelos simplificados de neurónios e sinapses inspirados nas redes neuronais biológicas[15]. Os neurónios das pastilhas neuromórficas apresentam normalmente um comportamento de pico, gerando picos de saída em resposta a sinais de entrada integrados. As sinapses no chip modulam a força das ligações entre os neurónios, permitindo a aprendizagem e a adaptação através de mecanismos como a plasticidade dependente do pico-timing (STDP).

- **Circuitos analógicos e digitais**

Os chips neuromórficos podem incorporar circuitos analógicos e digitais para suportar os diversos requisitos computacionais das redes neuronais. Os circuitos analógicos são utilizados para emular a dinâmica dos disparos neuronais, a integração sináptica e a modulação do potencial de membrana. Os circuitos digitais tratam de tarefas como a deteção de picos, o limiar e a comunicação entre neurónios, proporcionando flexibilidade e escalabilidade na conceção de circuitos integrados.

- **Processamento orientado por eventos**

Os chips neuromórficos adoptam o processamento orientado por eventos, em que os cálculos são desencadeados pela ocorrência de picos de entrada em vez de serem executados continuamente. O processamento orientado por eventos reduz a sobrecarga computacional e o consumo de energia, tornando os chips neuromórficos adequados para aplicações de baixo consumo e em tempo real.[16] A comunicação e a computação baseadas em picos permitem uma paralelização eficiente e um processamento assíncrono, melhorando o desempenho e a eficiência energética do chip.

- **Aprendizagem e plasticidade**

Os chips neuromórficos suportam várias formas de plasticidade sináptica e de aprendizagem, permitindo a adaptação e a auto-organização no chip. A plasticidade dependente do tempo de disparo (STDP) é uma regra de aprendizagem comummente utilizada e implementada nos chips neuromórficos, permitindo que as sinapses se reforcem ou enfraqueçam com base na correlação temporal entre os disparos pré e pós-sinápticos.

Os mecanismos de aprendizagem e plasticidade permitem que os chips neuromórficos realizem tarefas como o reconhecimento de padrões, a classificação e o controlo sensório-motor com elevada precisão e eficiência.

- **Aplicações dos chips neuromórficos**

i. Os chips neuromórficos têm diversas aplicações em vários domínios, incluindo a inteligência artificial, a robótica, o processamento de dados de sensores e as interfaces cérebro-computador[18].

ii. São utilizados em tarefas como o reconhecimento de imagem e de voz, a navegação autónoma, a fusão de sensores e o processamento neuromórfico de sinais.

iii. Os chips neuromórficos permitem um processamento energeticamente eficiente e em tempo real de fluxos de dados complexos, tornando-os adequados para computação periférica, dispositivos IoT e sistemas incorporados.

- **Exemplos e plataformas**

i. Várias instituições de investigação, universidades e empresas desenvolveram chips e plataformas neuromórficas para fins de investigação e desenvolvimento.

ii. Os exemplos incluem o TrueNorth da IBM, o Loihi da Intel, o BrainScaleS, o SpiNNaker e o NeuroGrid, entre outros.

iii. Estas plataformas dão aos investigadores e programadores acesso a recursos de computação neuromórfica acelerada por hardware, facilitando a experimentação, a criação de protótipos e o desenvolvimento de aplicações em computação neuromórfica.

Os chips neuromórficos representam uma nova classe de plataformas de hardware concebidas para emular a arquitetura e o funcionamento do cérebro. Ao integrarem neurónios artificiais, sinapses e mecanismos de aprendizagem num único chip, os chips neuromórficos permitem o processamento em tempo real e energeticamente eficiente de redes neuronais de picos e outros modelos de computação neuromórfica. Com aplicações que abrangem a inteligência artificial, a robótica, o processamento de sensores e muito mais, os chips neuromórficos oferecem oportunidades promissoras para fazer avançar as fronteiras da computação e permitir soluções inovadoras para problemas complexos.

• **Fotónica neuromórfica**

A computação neuromórfica pode também tirar partido de abordagens baseadas na fotónica para a implementação de redes neuronais de picos. Os componentes ópticos, como guias de ondas, moduladores e fotodetectores, permitem comunicações de alta velocidade e processamento paralelo com baixo consumo de energia.

4.2 Desafios na implementação de hardware neuromórfico

Apesar da promessa da computação neuromórfica, há vários desafios a enfrentar na implementação do hardware:

• **Eficiência energética**: Embora o hardware neuromórfico tenha como objetivo ser eficiente em termos energéticos, conseguir um funcionamento com baixo consumo de energia sem comprometer o desempenho continua a ser um desafio. São necessárias melhorias na tecnologia dos dispositivos, na conceção dos circuitos e na arquitetura do sistema para otimizar ainda mais o consumo de energia.

• **Escalabilidade**: O escalonamento do hardware neuromórfico para acomodar redes neuronais em grande escala com milhares de milhões de neurónios e sinapses apresenta desafios significativos em termos de complexidade do circuito, interconectividade e largura de banda da memória. São necessárias novas metodologias de conceção e inovações arquitectónicas para resolver eficazmente os problemas de escalabilidade.

• **Co-design de hardware e software**: O hardware neuromórfico deve ser co-desenhado com algoritmos e aplicações de software para maximizar o desempenho e a eficiência. O desenvolvimento de estruturas de software, linguagens de programação e ferramentas de simulação adaptadas às arquitecturas neuromórficas é essencial para permitir a rápida criação de protótipos e a implantação de sistemas neuromórficos.

• **Fiabilidade e robustez**: O hardware neuromórfico deve apresentar um comportamento robusto na presença de ruído, variabilidade e falhas. A conceção de arquitecturas de hardware tolerantes a falhas e adaptáveis, capazes de auto-reparação e auto-otimização, é fundamental para garantir a fiabilidade dos sistemas neuromórficos em ambientes reais.

4.3 Aplicações do hardware neuromórfico

O hardware neuromórfico tem diversas aplicações em vários domínios, incluindo:

• **Inteligência artificial:** O hardware neuromórfico acelera a formação e a inferência de redes neurais artificiais, permitindo o processamento em tempo real de fluxos de dados complexos para tarefas como o reconhecimento de imagens, o processamento de linguagem natural e a navegação autónoma.

• **Processamento de dados de sensores**: O hardware neuromórfico é adequado para o processamento de dados sensoriais de dispositivos IoT, wearables e sensores ambientais. Permite a análise em tempo real e de baixo consumo de dados de sensores para aplicações como a monitorização ambiental, a monitorização da saúde e a automação industrial.

• **Interfaces cérebro-computador**: O hardware neuromórfico facilita o desenvolvimento de interfaces cérebro-computador (BCI) para controlar dispositivos externos utilizando sinais neurais. As BCI permitem que as pessoas com deficiência comuniquem, interajam com o seu ambiente e recuperem funções sensoriais ou motoras perdidas.

- **Robótica neuromórfica**: O hardware neuromórfico permite a conceção de sistemas robóticos inteligentes capazes de aprendizagem e adaptação autónomas. Estes robôs podem perceber o seu ambiente, tomar decisões e interagir com humanos e outros robôs em tempo real, abrindo caminho para aplicações avançadas em robótica e automação.

4.4 Conclusão

A computação neuromórfica oferece uma abordagem promissora à computação, inspirada na arquitetura e no funcionamento do cérebro. A implementação de hardware é um aspeto crítico da computação neuromórfica, permitindo a execução eficiente de redes neuronais em arquitecturas de hardware especializadas. Ao tirar partido das tecnologias emergentes, enfrentar os principais desafios e explorar diversas aplicações, o hardware neuromórfico tem o potencial de revolucionar a computação em vários domínios e impulsionar a inovação na inteligência artificial, na robótica e muito mais.

Esta panorâmica abrangente oferece uma exploração aprofundada da computação neuromórfica, centrando-se especificamente na sua implementação em hardware. Desde os princípios de conceção e tecnologias emergentes até aos desafios e aplicações, o hardware neuromórfico desempenha um papel fundamental na concretização da visão da computação inspirada no cérebro para uma vasta gama de aplicações do mundo real.

CAPÍTULO 5
FOTÓNICA NEUROMÓRFICA

5.1 Introdução à fotónica neuromórfica

A fotónica neuromórfica representa um domínio interdisciplinar de ponta na intersecção da fotónica e da computação neuromórfica. O seu objetivo é aproveitar as propriedades únicas da luz para a emulação da computação neuronal e a realização de sistemas de computação inspirados no cérebro. Tirando partido da velocidade, largura de banda e eficiência energética das tecnologias ópticas, a fotónica neuromórfica oferece novas oportunidades para o desenvolvimento de plataformas de computação de alto desempenho e baixo consumo de energia, capazes de processamento sensorial em tempo real, reconhecimento de padrões e tarefas cognitivas[18].

5.2 Princípios da Fotónica Neuromórfica

A fotónica neuromórfica inspira-se na estrutura e no funcionamento das redes neuronais biológicas, procurando reproduzir o seu processamento paralelo, adaptabilidade e eficiência energética utilizando tecnologias ópticas. No seu cerne, a fotónica neuromórfica baseia-se nos princípios das redes neuronais de picos (SNN), em que a informação é codificada e processada sob a forma de impulsos ou picos ópticos. Estes picos ópticos representam as unidades fundamentais de computação na fotónica neuromórfica, análogas aos potenciais de ação observados nos neurónios biológicos [19]. [19] Ao codificar a informação no tempo e na intensidade dos impulsos ópticos, a fotónica neuromórfica permite uma comunicação, computação e aprendizagem eficientes em sistemas de computação inspirados no cérebro.

Componentes da fotónica neuromórfica

A fotónica neuromórfica integra uma variedade de componentes e dispositivos ópticos para concretizar a funcionalidade das redes neuronais. Estes componentes incluem:

• **Fontes ópticas:** As fontes de luz, como os lasers e os díodos emissores de luz (LED), fornecem os sinais ópticos utilizados para a comunicação e a computação nos sistemas fotónicos neuromórficos. Estas fontes emitem impulsos de luz coerentes ou incoerentes com tempo e intensidade precisos, servindo como portadores de informação em redes neuronais ópticas.

• **Moduladores ópticos**: Os moduladores ópticos manipulam a amplitude, a fase ou a frequência dos sinais ópticos para codificar a informação sob a forma de picos ópticos. Os moduladores electro-ópticos, os moduladores acústico-ópticos e os moduladores de fase são exemplos de moduladores ópticos utilizados na fotónica neuromórfica para processamento de sinais e ponderação sináptica[20].

• **Fotodetectores**: Os fotodetectores convertem sinais ópticos em sinais eléctricos, permitindo a deteção e o processamento de picos ópticos em sistemas fotónicos neuromórficos. Os fotodíodos, os fototransístores e os fotodíodos de avalanche são fotodetectores normalmente utilizados nas redes neuronais ópticas para a deteção de picos e a medição da resposta neuronal.

• **Guias de onda ópticos**: Os guias de onda ópticos guiam e manipulam os sinais de luz dentro do chip fotónico neuromórfico, facilitando a comunicação entre os neurónios e as sinapses. As estruturas baseadas em guias de onda, como a fotónica de silício e os circuitos integrados fotónicos (PIC), oferecem interligações ópticas de baixa perda e alta densidade para plataformas de computação neuromórfica compactas e escaláveis.

• **Sinapses fotónicas**: As sinapses fotónicas emulam a funcionalidade das sinapses biológicas, modulando a força das ligações ópticas entre os neurónios.

Estas sinapses implementam mecanismos como a conversão do comprimento de onda, a mudança de fase ou a modulação da intensidade para ajustar os pesos sinápticos e facilitar a aprendizagem e a plasticidade nas redes neuronais ópticas.

5.3 Princípios de funcionamento da fotónica neuromórfica

Nos sistemas fotónicos neuromórficos, o processamento da informação ocorre através da interação de picos ópticos ao nível dos neurónios e das sinapses. Os princípios de funcionamento da fotónica neuromórfica podem ser resumidos da seguinte forma:

• **Funcionamento dos neurónios:** Os neurónios das redes neuronais ópticas recebem picos ópticos como sinais de entrada e integram-nos ao longo do tempo para gerar picos de saída. Os picos ópticos são codificados com informações sobre a intensidade, o tempo e o comprimento de onda dos impulsos de luz, representando os níveis de ativação dos neurónios na rede. Os neurónios na fotónica neuromórfica podem apresentar vários comportamentos de disparo, incluindo o disparo baseado em limiares, a dinâmica integrar e disparar e características de resposta adaptativas[21].

• **Transmissão sináptica**: As sinapses na fotónica neuromórfica modulam a força das ligações ópticas entre os neurónios, facilitando a comunicação e a aprendizagem em redes neuronais ópticas. As sinapses fotónicas ajustam os pesos sinápticos com base no tempo e na intensidade dos picos de entrada, seguindo regras inspiradas nos mecanismos biológicos de plasticidade sináptica, como a plasticidade dependente do tempo de pico (STDP). [21,22] Ao modificarem dinamicamente os pesos sinápticos, as sinapses fotónicas possibilitam as capacidades de adaptação e aprendizagem das redes neuronais ópticas, permitindo-lhes realizar tarefas como o reconhecimento de padrões, a classificação e a memória associativa.

• **Codificação da informação**: A informação é codificada em picos ópticos através do controlo preciso do tempo, intensidade e comprimento de onda dos impulsos de luz. Os esquemas de codificação baseados em picos, como a codificação de taxa, a codificação temporal e a codificação de população, são usados para representar entradas sensoriais, estados internos e respostas de saída em redes neurais ópticas. Estes esquemas de codificação permitem uma comunicação e computação eficientes em sistemas fotónicos neuromórficos, explorando o paralelismo, a largura de banda e a eficiência energética das tecnologias ópticas para a computação inspirada no cérebro.

• **Processamento paralelo**: A fotónica neuromórfica tira partido do paralelismo inerente aos sistemas ópticos para realizar computação e comunicação maciçamente paralelas. Os sinais ópticos propagam-se através de guias de ondas e circuitos fotónicos em paralelo, permitindo o processamento simultâneo de múltiplas entradas e neurónios na rede. As capacidades de processamento paralelo permitem que os sistemas fotónicos neuromórficos atinjam um elevado rendimento, baixa latência e um funcionamento eficiente em termos energéticos, tornando-os adequados para aplicações em tempo real, como o processamento de dados de sensores, o reconhecimento de imagens e o controlo autónomo.

5.1 Aplicações da fotónica neuromórfica

A fotónica neuromórfica tem diversas aplicações em vários domínios, incluindo:

• **Inteligência artificial:** A fotónica neuromórfica permite a implementação de sistemas de computação inspirados no cérebro para tarefas de inteligência artificial, como o reconhecimento de padrões, a aprendizagem automática e o processamento de linguagem natural. As redes neuronais ópticas oferecem vantagens em termos de velocidade, eficiência energética e escalabilidade, tornando-as adequadas para acelerar algoritmos de aprendizagem profunda e tarefas cognitivas complexas. Os fotodetectores convertem sinais ópticos em sinais eléctricos, permitindo a deteção e o processamento de picos ópticos em sistemas fotónicos neuromórficos. Os fotodíodos, os tubos fotomultiplicadores e os fotodíodos de avalanche são fotodetectores comummente utilizados, capazes de detetar impulsos ópticos com alta velocidade e sensibilidade.

• **Guias de onda e divisores**: Os guias de ondas e divisores ópticos guiam e distribuem sinais ópticos em sistemas fotónicos neuromórficos, permitindo o encaminhamento e a sincronização de informações entre neurónios e sinapses. Os guias de onda integrados, os acopladores e os acopladores direccionais são componentes essenciais para a implementação de interligações ópticas e arquitecturas de rede.

• **Filtros ópticos e linhas de atraso**: Os filtros ópticos e as linhas de atraso modificam as propriedades espectrais e temporais dos sinais ópticos, permitindo a multiplexagem por divisão do comprimento de onda, o condicionamento do sinal e a sincronização em sistemas fotónicos neuromórficos. Estes componentes desempenham um papel crucial na modelação da dinâmica e do desempenho das redes neuronais ópticas.

5.2 Desafios e direcções futuras

Apesar do seu potencial, a fotónica neuromórfica enfrenta vários desafios e oportunidades para investigação e desenvolvimento futuros:

• **Integração e escalabilidade:** A integração de um grande número de componentes e dispositivos ópticos numa única pastilha continua a ser um desafio para a realização de sistemas fotónicos neuromórficos escaláveis. Os futuros esforços de investigação centrar-se-ão no desenvolvimento de plataformas fotónicas compactas e integradas com maior funcionalidade e desempenho.

• **Não-linearidades ópticas**: As não linearidades ópticas, como os efeitos Kerr e Raman, introduzem complexidades nos sistemas fotónicos neuromórficos, afectando a propagação e o processamento de sinais. A atenuação dos efeitos não lineares e a otimização do desempenho dos dispositivos são fundamentais para melhorar a fiabilidade e a robustez das redes neuronais ópticas.

• **Memória e aprendizagem**: A implementação de mecanismos de plasticidade sináptica e de aprendizagem em sistemas fotónicos neuromórficos exige o desenvolvimento de novos materiais e dispositivos capazes de resposta e adaptação dinâmicas. A investigação futura explorará materiais fotónicos, materiais de mudança de fase e dispositivos optoelectrónicos para a realização de uma aprendizagem e memória eficientes em redes neuronais ópticas.

• **Arquitecturas híbridas**: As arquitecturas híbridas que combinam componentes electrónicos, fotónicos e memrísticos oferecem novas oportunidades para ultrapassar as limitações das tecnologias individuais e realizar sistemas de computação neuromórfica mais robustos e versáteis. A integração da fotónica com tecnologias emergentes, como memristores, pontos quânticos e materiais bidimensionais, impulsionará a inovação em arquitecturas neuromórficas híbridas.Em conclusão, a fotónica neuromórfica representa uma abordagem transformadora da computação e do processamento da informação, tirando partido da velocidade, largura de banda e eficiência energética da luz para emular a computação neuronal. Ao integrar componentes e dispositivos ópticos em redes neuronais, a fotónica neuromórfica permite sistemas de computação de elevado desempenho e baixo consumo de energia com aplicações que vão da inteligência artificial ao processamento sensorial e às interfaces cérebro-computador. A investigação e o desenvolvimento contínuos da fotónica neuromórfica abrirão caminho às tecnologias de computação da próxima geração e farão avançar a nossa compreensão da computação neuronal e da cognição.

CAPÍTULO 6
COMPUTAÇÃO EFICIENTE EM TERMOS ENERGÉTICOS

A computação eficiente do ponto de vista energético tornou-se um ponto crítico nos sistemas de computação modernos devido à procura crescente de computação de elevado desempenho, minimizando simultaneamente o consumo de energia e o impacto ambiental. Esta mudança de paradigma no sentido da eficiência energética levou ao desenvolvimento de várias tecnologias, técnicas e arquitecturas em diferentes domínios da computação. Nesta exploração pormenorizada, aprofundaremos o conceito de computação eficiente em termos energéticos, abrangendo a sua importância, os princípios subjacentes, as tecnologias facilitadoras, os desafios e as aplicações no mundo real.

6.1 Importância de uma computação eficiente em termos energéticos

A eficiência energética é fundamental nos sistemas informáticos por várias razões:

• **Sustentabilidade**: À medida que a procura de potência de computação continua a crescer exponencialmente, o consumo de energia dos centros de dados, supercomputadores e dispositivos electrónicos tornou-se um contribuinte significativo para as emissões de carbono e a degradação ambiental. A computação eficiente em termos energéticos é crucial para reduzir a pegada de carbono dos sistemas de computação e atingir os objectivos de sustentabilidade.

• **Poupança de custos**: Os custos de energia representam uma parte significativa das despesas operacionais totais das infra-estruturas informáticas. Ao otimizar o consumo de energia, as organizações podem obter poupanças de custos substanciais e melhorar a viabilidade económica das suas implementações informáticas.

• **Vida útil prolongada da bateria**: Em dispositivos alimentados por bateria, como smartphones, computadores portáteis e dispositivos IoT, a eficiência energética tem um impacto direto na vida útil da bateria. A otimização do consumo de energia permite que os dispositivos funcionem durante mais tempo com uma única carga, melhorando a experiência e a produtividade do utilizador.

• **Escalabilidade**: A computação eficiente em termos energéticos permite o escalonamento eficiente dos sistemas de computação para acomodar cargas de trabalho e exigências dos utilizadores crescentes sem aumentar desproporcionadamente o consumo de energia. Esta escalabilidade é essencial para satisfazer as necessidades em evolução das empresas, dos investigadores e dos consumidores.

6.2 Princípios subjacentes à computação eficiente em termos energéticos

A computação eficiente do ponto de vista energético assenta em vários princípios fundamentais:

• **Paralelismo**: As técnicas de computação paralela, como o multi-threading, o multiprocessamento e a computação distribuída, permitem a execução simultânea de várias tarefas ou cálculos. Ao tirar partido do paralelismo, a computação energeticamente eficiente pode distribuir as cargas de trabalho por várias unidades de processamento, minimizando o tempo de inatividade e maximizando a utilização dos recursos.

• **Componentes de baixo consumo**: A seleção de componentes de baixo consumo, incluindo processadores, módulos de memória e dispositivos periféricos, é fundamental para obter eficiência energética nos sistemas informáticos. Os componentes de baixo consumo são concebidos para minimizar o consumo de energia sem sacrificar o desempenho, tornando-os ideais para dispositivos alimentados por bateria e ambientes com restrições de energia.

• **Gestão dinâmica da energia**: As técnicas de gestão dinâmica da energia, como o escalonamento dinâmico da tensão e da frequência (DVFS), permitem que os sistemas informáticos ajustem dinamicamente os seus parâmetros de funcionamento com base nas exigências da carga de trabalho e na utilização dos recursos. Ao escalonar dinamicamente a tensão, a frequência e os estados de energia, os sistemas podem otimizar o consumo de energia, mantendo os níveis de desempenho.

• **Computação proporcional à energia**: A computação proporcional à energia tem por objetivo garantir que o consumo de energia dos sistemas informáticos se adapta linearmente à sua carga de trabalho. Nos sistemas proporcionais à energia, os componentes inactivos consomem o mínimo de energia e os componentes activos funcionam eficientemente em níveis variáveis de utilização. Este princípio permite um funcionamento eficiente em termos energéticos em diferentes cenários de utilização e padrões de carga de trabalho.

6.3 Tecnologias facilitadoras para uma computação eficiente em termos energéticos

Várias tecnologias e inovações contribuem para uma computação eficiente do ponto de vista energético:

• **Nós de processo avançados**: As tecnologias de fabrico de semicondutores, tais como 7nm, 5nm e posteriores, permitem o fabrico de transístores mais pequenos e mais eficientes em termos energéticos. Os nós de processamento avançados reduzem as correntes de fuga e melhoram o desempenho dos transístores, resultando em circuitos integrados (ICs) eficientes em termos energéticos para sistemas informáticos.

• **Integração heterogénea**: As técnicas de integração heterogénea, como o design de sistema no chip (SoC), permitem a integração de diversos componentes, incluindo CPUs, GPUs, aceleradores e módulos de memória, num único chip. Ao otimizar a colocação e a interconectividade dos componentes, a integração heterogénea minimiza o movimento de dados e o consumo de energia, melhorando a eficiência global do sistema.

• **Técnicas de conceção de baixo consumo**: Técnicas de design de baixo consumo de energia, como clock gating, power gating, escalonamento de tensão e gerenciamento dinâmico de energia, reduzem o consumo de energia nos níveis do circuito e do sistema. Estas técnicas optimizam a utilização de energia durante os estados ativo e inativo, maximizando a eficiência energética em diferentes condições de funcionamento.

• **Algoritmos eficientes em termos energéticos**: Os algoritmos energeticamente eficientes e as optimizações de software desempenham um papel crucial na minimização da sobrecarga computacional e da movimentação de dados, reduzindo assim o consumo de energia. Técnicas como a especialização algorítmica, a compressão de dados e a programação de tarefas optimizam o consumo de energia e a utilização de recursos em sistemas de computação.

• **Arquitecturas de computação com consciência energética**: As arquitecturas de computação com consciência energética, como a computação neuromórfica, a computação aproximada e a computação quântica, tiram partido de novas técnicas de hardware e software para otimizar a eficiência energética. Estas arquitecturas exploram paradigmas de computação não convencionais, como as redes neuronais, a computação probabilística e a sobreposição quântica, para efetuar cálculos com um consumo mínimo de energia.

6.4 Desafios na computação eficiente em termos energéticos

Apesar dos progressos registados na computação eficiente em termos energéticos, subsistem vários desafios:

• **Compensações entre desempenho e energia:** Equilibrar o desempenho e a eficiência energética é um desafio fundamental nos sistemas de computação[24]. A otimização do consumo de energia exige frequentemente compromissos em termos de desempenho, latência e utilização de recursos, o que requer decisões de conceção cuidadosas e uma análise dos compromissos.

• **Complexidade e sobrecarga**: A implementação de técnicas de eficiência energética, como a gestão dinâmica da energia e a conceção de baixo consumo, introduz complexidade e sobrecarga adicionais nos sistemas informáticos. Gerir esta complexidade e sobrecarga mantendo a fiabilidade e o desempenho do sistema é um desafio significativo para os projectistas e arquitectos de sistemas.

• **Heterogeneidade e integração**: A crescente heterogeneidade e integração dos sistemas informáticos colocam desafios à otimização da eficiência energética em diversos componentes e subsistemas. A coordenação da gestão da energia, da distribuição da carga de trabalho e dos protocolos de comunicação em ambientes heterogéneos exige abordagens de conceção holísticas e optimizações ao nível do sistema.

• **Restrições de recursos**: Ambientes com restrições de energia, como dispositivos IoT, plataformas de computação de ponta e sistemas incorporados, impõem limitações rigorosas ao consumo de energia e à disponibilidade de recursos. A conceção de soluções eficientes em termos energéticos para ambientes com recursos limitados exige uma análise cuidadosa dos orçamentos de energia, das restrições de hardware e dos requisitos das aplicações.

• **Sustentabilidade e impacto ambiental**: Atingir objectivos de sustentabilidade a longo prazo e minimizar o impacto ambiental dos sistemas informáticos requer estratégias abrangentes para a eficiência energética, gestão de recursos e adoção de energias renováveis. Para enfrentar estes desafios de sustentabilidade é necessária a colaboração entre a indústria, o meio académico e o governo para desenvolver abordagens e políticas holísticas.

6.5 Aplicações do mundo real da computação eficiente em termos energéticos

A computação eficiente em termos energéticos tem diversas aplicações em vários domínios:

• **Centros de dados e computação em nuvem**: A otimização da eficiência energética em centros de dados e ambientes de computação em nuvem reduz os custos operacionais e o impacto ambiental. Técnicas como a consolidação de servidores, a programação de cargas de trabalho e a integração de energias renováveis melhoram a eficiência energética de infra-estruturas de computação em grande escala.

• **Dispositivos móveis e IoT**: A eficiência energética é fundamental em dispositivos móveis, dispositivos IoT e wearables para prolongar a duração da bateria e melhorar a experiência do utilizador. Os componentes de baixo consumo, os algoritmos eficientes em termos energéticos e as técnicas de gestão dinâmica da energia permitem um funcionamento eficiente em termos energéticos em dispositivos com recursos limitados.

• **Computação de alto desempenho (HPC)**: A computação eficiente em termos energéticos é essencial nos sistemas HPC para maximizar o rendimento computacional e minimizar o consumo de energia. Técnicas como a computação paralela, a integração heterogénea e a programação consciente da energia optimizam a eficiência energética em supercomputadores e clusters de elevado desempenho.

• **Redes inteligentes e gestão de energia**: A computação eficiente em termos energéticos desempenha um papel vital nas redes inteligentes e nos sistemas de gestão de energia, permitindo a monitorização, o controlo e a otimização em tempo real dos recursos energéticos. A análise avançada, os algoritmos de otimização e os mecanismos de resposta à procura optimizam a utilização de energia e a estabilidade da rede.

• **Sistemas incorporados e computação periférica**: A eficiência energética é fundamental em sistemas incorporados, plataformas de computação periférica e gateways IoT implantados em ambientes remotos e adversos. Técnicas de conceção eficientes em termos energéticos, componentes de baixo consumo e sensores inteligentes permitem o funcionamento autónomo e a fiabilidade a longo prazo em dispositivos periféricos.

6.6 Conclusão

A computação eficiente em termos energéticos é um princípio fundamental nos sistemas de computação modernos, impulsionado pela necessidade de minimizar o consumo de energia, reduzir os custos e atenuar o impacto ambiental. Tirando partido do paralelismo, de componentes de baixo consumo, da gestão dinâmica da energia e de algoritmos energeticamente eficientes, os sistemas de computação podem atingir um desempenho ótimo, minimizando o consumo de energia. No entanto, para enfrentar os desafios da complexidade, dos compromissos entre desempenho e energia e das limitações de recursos, são necessários esforços de colaboração entre a indústria, o meio académico e o governo para desenvolver soluções inovadoras e práticas sustentáveis. Em última análise, a computação eficiente em termos energéticos é essencial para permitir um futuro mais ecológico e sustentável e para fazer avançar as tecnologias de computação em benefício da sociedade.

CAPÍTULO 7

APLICAÇÕES DA COMPUTAÇÃO NEUROMÓRFICA

O reconhecimento e a classificação de padrões são tarefas fundamentais em vários domínios, incluindo a visão por computador, o reconhecimento da fala, o processamento de linguagem natural e a bioinformática. A computação neuromórfica oferece vantagens únicas para estas aplicações devido à sua capacidade de emular o processamento paralelo, o funcionamento com baixo consumo de energia e a adaptabilidade das redes neuronais biológicas. Eis como a computação neuromórfica pode ser aplicada ao reconhecimento e classificação de padrões:

7.1 Visão computacional

• A computação neuromórfica permite o desenvolvimento de sistemas de visão computacional eficientes e robustos para tarefas como a deteção de objectos, o reconhecimento, o seguimento e a compreensão de cenas.

• As redes neuronais de espículas (SNN) implementadas em hardware neuromórfico podem processar dados visuais em tempo real, tirando partido do processamento orientado por eventos e do funcionamento com baixo consumo de energia.

• Os sensores de visão neuromórficos, inspirados na estrutura da retina, captam e processam a informação visual diretamente no hardware, permitindo um processamento de imagem de alta velocidade e baixa latência.

7.2 Reconhecimento de voz

• A computação neuromórfica facilita o desenvolvimento de sistemas de reconhecimento da fala eficientes em termos energéticos, capazes de processamento e adaptação em tempo real.

• As SNNs podem modelar a dinâmica temporal dos sinais de fala, reconhecendo fonemas, palavras e frases com elevada precisão.

• As arquitecturas de hardware neuromórficas permitem o processamento de voz no dispositivo em dispositivos periféricos e dispositivos IoT, reduzindo a necessidade de processamento baseado na nuvem e melhorando a privacidade e a segurança.

7.3 Processamento de linguagem natural (PNL)

• A computação neuromórfica oferece novas abordagens às tarefas de processamento da linguagem natural, incluindo a análise de sentimentos, a tradução de línguas e a classificação de textos.

• Os SNNs podem capturar as dependências contextuais e as relações semânticas presentes nos dados de linguagem natural, melhorando o desempenho dos modelos de PNL.

• Os aceleradores de hardware neuromórficos suportam a inferência e a aprendizagem eficientes em termos energéticos em aplicações de PNL, permitindo o processamento em tempo real de dados de texto com um consumo mínimo de energia.

7.4 Bioinformática

• A computação neuromórfica tem aplicações em bioinformática para tarefas como a análise de sequências genómicas, a previsão da estrutura de proteínas e a descoberta de medicamentos.

• Os SNN podem analisar conjuntos de dados biológicos em grande escala, identificando padrões e correlações relevantes para compreender as variações genéticas, os mecanismos das doenças e as reacções aos medicamentos[13].

• As arquitecturas de hardware neuromórficas fornecem plataformas escaláveis e energeticamente eficientes para o processamento de dados genómicos e proteómicos, acelerando a investigação em medicina personalizada e cuidados de saúde de precisão.

7.5 Deteção de anomalias

• A computação neuromórfica é adequada para tarefas de deteção de anomalias em vários domínios, incluindo a cibersegurança, a monitorização industrial e os cuidados de saúde.

• Os SNNs podem detetar anomalias em fluxos de dados complexos, aprendendo padrões normais e reconhecendo desvios do comportamento esperado.

• As implementações de hardware neuromórfico permitem a deteção de anomalias em tempo real com uma resposta de baixa latência, o que as torna adequadas para aplicações críticas em termos de tempo, em que a deteção e a resposta rápidas são essenciais. Em resumo, a computação neuromórfica é muito promissora para aplicações de reconhecimento e classificação de padrões em diversos domínios. Tirando partido dos princípios das redes neuronais spiking e das arquitecturas de hardware neuromórficas, os investigadores e os programadores podem criar sistemas energeticamente eficientes, escaláveis e adaptáveis, capazes de realizar tarefas complexas de reconhecimento de padrões com elevada precisão e eficiência.

CAPÍTULO 8
SISTEMAS DE VISÃO NEUROMÓRFICOS

8.1 Introdução aos sistemas de visão neuromórficos

Os sistemas de visão neuromórficos representam uma abordagem revolucionária à perceção visual, inspirando-se na estrutura e no funcionamento do sistema visual humano. Quando combinados com a computação de ponta, que envolve o processamento de dados mais próximo da fonte de geração, oferecem capacidades transformadoras para uma vasta gama de aplicações. Eis como os sistemas de visão neuromórfica podem ser aplicados em cenários de computação periférica:

8.2 Deteção e reconhecimento de objectos em tempo real

Os sistemas de visão neuromórficos integrados em dispositivos de ponta, como câmaras de vigilância, drones ou veículos autónomos, podem realizar tarefas de deteção e reconhecimento de objectos em tempo real. [8-10] Tirando partido do processamento orientado para eventos e da computação paralela, estes sistemas podem detetar objectos em ambientes dinâmicos com elevada precisão e baixa latência. O processamento baseado na borda reduz a necessidade de transmissão de dados para servidores centralizados, permitindo tempos de resposta mais rápidos e reduzindo os requisitos de largura de banda.

8.3 Privacidade e segurança melhoradas

Os sistemas de visão neuromórfica implantados na periferia melhoram a privacidade e a segurança, processando localmente os dados visuais sem transmitir informações sensíveis para a nuvem. Ao extrair características e metadados relevantes de fluxos visuais, estes sistemas podem identificar potenciais ameaças à segurança ou violações de privacidade, respeitando a privacidade do utilizador. O processamento baseado na borda minimiza o risco de violações de dados e acesso não autorizado a informações confidenciais, melhorando a segurança geral em aplicações de vigilância e monitoramento.

8.4 Funcionamento de baixo consumo para dispositivos IoT

Os sistemas de visão neuromórficos optimizados para funcionamento com baixo consumo de energia são ideais para implementação em dispositivos IoT com recursos limitados, como câmaras inteligentes ou sensores ambientais. Estes sistemas consomem o mínimo de energia enquanto realizam tarefas complexas de processamento visual, permitindo o funcionamento contínuo em dispositivos alimentados por bateria. A inferência baseada na borda reduz a necessidade de transmissão frequente de dados e prolonga a vida útil da bateria dos dispositivos IoT, tornando-os adequados para aplicações de monitorização e vigilância a longo prazo.

8.5 Sistemas adaptativos e de auto-aprendizagem

Os sistemas de visão neuromórficos incorporados nos dispositivos periféricos podem adaptar-se às condições ambientais em mudança e aprender com a experiência em tempo real[25]. Tirando partido da plasticidade sináptica e dos mecanismos de aprendizagem inspirados no cérebro, estes sistemas podem melhorar continuamente o seu desempenho e adaptar-se a novos cenários sem intervenção manual[15].

8.6 Redes de borda distribuídas para escalabilidade

Os sistemas de visão neuromórfica implementados em redes periféricas distribuídas permitem um processamento visual escalável e robusto em ambientes de grande escala. Ao distribuir tarefas de computação e comunicação entre dispositivos periféricos, estes sistemas podem tratar fluxos de dados visuais complexos de forma eficiente e eficaz. A colaboração baseada na periferia facilita a perceção colaborativa, em que vários dispositivos partilham informações e conhecimentos para obter uma compreensão abrangente do ambiente.

Em resumo, os sistemas de visão neuromórfica implantados em ambientes de computação periférica oferecem numerosas vantagens, incluindo processamento em tempo real, maior privacidade e segurança, funcionamento com baixo consumo de energia, aprendizagem adaptativa e escalabilidade. Ao combinar as capacidades da computação neuromórfica com os paradigmas da computação periférica, os investigadores e os programadores podem criar sistemas de perceção visual inteligentes e autónomos capazes de funcionar em diversos cenários periféricos, desde cidades inteligentes e instalações industriais a aplicações de eletrónica de consumo e de cuidados de saúde.

CAPÍTULO 9
PRÓTESES NEURAIS

9.1 Introdução

A computação neuromórfica tem um enorme potencial para fazer avançar as interfaces cérebro-computador (BCI) e as próteses neurais, revolucionando a forma como os seres humanos interagem com as máquinas e restaurando funções sensoriais ou motoras perdidas. Eis como a computação neuromórfica pode ser aplicada nestes domínios:

9.2 Processamento e descodificação de sinais melhorados

A computação neuromórfica permite o desenvolvimento de algoritmos avançados de processamento de sinais para descodificar sinais neurais registados no cérebro. As redes neuronais de espículas (SNN) implementadas em hardware neuromórfico podem processar eficazmente os dados neuronais, extraindo padrões e características significativos relevantes para a intenção motora, a perceção sensorial ou os estados cognitivos. Tirando partido do processamento orientado por eventos e da computação de baixa latência, os sistemas neuromórficos podem descodificar sinais neurais em tempo real com elevada precisão, permitindo uma interação perfeita entre o cérebro e dispositivos externos.

9.3 Interfaces neurais de circuito fechado

A computação neuromórfica facilita a implementação de interfaces neurais de circuito fechado, em que os sinais neurais são registados, processados e utilizados para acionar dispositivos externos ou fornecer feedback ao utilizador. As redes neuronais de spiking incorporadas no hardware neuromórfico podem modular adaptativamente os parâmetros de estimulação ou as saídas do dispositivo com base em alterações em tempo real da atividade neuronal, aumentando a eficácia e a segurança das próteses neuronais e das BCI. As interfaces neuronais de circuito fechado permitem a comunicação bidirecional entre o cérebro e os dispositivos externos, possibilitando ajustes dinâmicos e intervenções personalizadas adaptadas às necessidades e preferências do utilizador.

9.4 Controlo adaptativo e aprendizagem

A computação neuromórfica permite estratégias de controlo adaptativo para próteses neurais e BCI, em que o sistema aprende e se adapta aos sinais neurais e ao comportamento do utilizador ao longo do tempo. As redes neuronais dotadas de mecanismos de aprendizagem, como a plasticidade dependente do tempo de disparo (STDP), podem ajustar adaptativamente o mapeamento entre a atividade neuronal e os comandos de controlo do dispositivo, optimizando o desempenho e a satisfação do utilizador. Os algoritmos de aprendizagem adaptativa implementados no hardware neuromórfico facilitam a melhoria e a otimização contínuas das interfaces neuronais, aumentando a sua fiabilidade, robustez e adaptabilidade em ambientes reais.

9.5 Dispositivos miniaturizados e energeticamente eficientes

A computação neuromórfica permite o desenvolvimento de próteses neurais e BCIs miniaturizadas e energeticamente eficientes, adequadas para utilização a longo prazo e aplicações portáteis. As arquitecturas de hardware neuromórficas optimizam o consumo de energia e a utilização de recursos, permitindo o processamento no dispositivo e o funcionamento em tempo real sem necessidade de fontes de alimentação externas contínuas. Os dispositivos neuromórficos miniaturizados podem ser implantados ou usados discretamente, proporcionando uma integração perfeita com o corpo do utilizador e aumentando o conforto e a mobilidade.

9.6 Reabilitação personalizada e tecnologias de apoio

A computação neuromórfica facilita a customização e personalização de próteses neurais e BCIs para satisfazer as necessidades e capacidades específicas de cada utilizador. Os algoritmos de aprendizagem automática implementados no hardware neuromórfico podem analisar dados e preferências neurais específicos do utilizador, adaptando as definições do dispositivo e as estratégias de controlo para otimizar o desempenho e a experiência do utilizador. Os protocolos de reabilitação personalizados e as tecnologias de assistência baseadas em BCIs neuromórficas permitem que as pessoas com deficiência recuperem a independência, a mobilidade e a qualidade de vida.

Em resumo, a computação neuromórfica é muito promissora para o avanço das interfaces cérebro-computador e das próteses neurais, oferecendo melhor processamento de sinais, controlo em circuito fechado, aprendizagem adaptativa, miniaturização, eficiência energética e reabilitação personalizada. Tirando partido dos princípios das redes neuronais spiking e das arquitecturas de hardware neuromórficas, os investigadores e os programadores podem criar interfaces neuronais de nova geração que se integrem perfeitamente na dinâmica natural do cérebro e melhorem a interação homem-máquina de forma profunda e transformadora.

CAPÍTULO 10
ROBÓTICA E SISTEMAS AUTÓNOMOS

10.1 Introdução à Robótica e aos Sistemas Autónomos

A computação neuromórfica oferece um potencial transformador no domínio da robótica e dos sistemas autónomos, permitindo que as máquinas percebam, aprendam e interajam com o seu ambiente de uma forma inspirada nas redes neuronais biológicas. Eis várias aplicações em que a computação neuromórfica pode revolucionar a robótica e os sistemas autónomos:

10.2 Perceção e Sensação

Os sistemas de visão neuromórficos integrados em robôs proporcionam capacidades de perceção visual eficientes e de baixo consumo. Estes sistemas podem processar dados visuais em tempo real, permitindo aos robôs detetar objectos, navegar por obstáculos e reconhecer ambientes com elevada precisão e baixa latência. As redes neuronais de spiking implementadas em hardware neuromórfico podem processar dados sensoriais de várias modalidades, incluindo a visão, o tato e a propriocepção. Isto permite que os robôs percebam e interpretem informações sensoriais complexas, facilitando tarefas como a manipulação de objectos, a preensão e a navegação em ambientes dinâmicos.

10.3 Controlo adaptativo e aprendizagem

A computação neuromórfica permite que os robôs controlem as suas acções de forma adaptativa e aprendam com a experiência em tempo real. As redes neuronais equipadas com mecanismos de aprendizagem podem ajustar o comportamento do robô com base no feedback do ambiente, optimizando o desempenho e a adaptabilidade[8]. Os algoritmos de aprendizagem por reforço implementados no hardware neuromórfico permitem que os robôs explorem e explorem autonomamente o seu ambiente, adquirindo novas competências e comportamentos por tentativa e erro. Esta capacidade de aprendizagem adaptativa é essencial para os robots que operam em ambientes não estruturados ou incertos.

10.4 Robótica colaborativa

A computação neuromórfica facilita as interacções de colaboração entre robôs e seres humanos ou entre vários robôs numa equipa. As redes neuronais de spiking permitem que os robôs comuniquem, coordenem e colaborem em tarefas, partilhando informações e conhecimentos para atingir objectivos comuns. O processamento baseado em bordas com hardware neuromórfico permite que os robôs realizem computação distribuída e tomem decisões, reduzindo a dependência do controlo centralizado e permitindo a coordenação descentralizada em aplicações de robótica colaborativa.

10.5 Funcionamento energeticamente eficiente

As arquitecturas de hardware neuromórficas optimizam o consumo de energia em sistemas robóticos, permitindo um funcionamento prolongado e uma maior mobilidade. Os componentes de baixo consumo e o processamento orientado por eventos minimizam o consumo de energia durante a deteção, a computação e a comunicação, prolongando a vida útil da bateria e reduzindo a necessidade de recarregamento ou reabastecimento frequentes[15]. Os algoritmos e estratégias de controlo neuromórficos dão prioridade a acções e padrões de movimento eficientes do ponto de vista energético, permitindo que os robôs executem tarefas conservando os recursos energéticos. Isto é particularmente importante para os robôs móveis e os drones que operam em ambientes remotos ou com recursos limitados.

10.6 Aprendizagem e adaptação robóticas

A computação neuromórfica permite que os robôs aprendam e se adaptem à evolução das condições ambientais e às preferências dos utilizadores. As redes neuronais dotadas de mecanismos de plasticidade sináptica podem atualizar o comportamento dos robôs com base em novas informações e experiências, melhorando o desempenho ao longo do tempo. As técnicas de aprendizagem por transferência implementadas em hardware neuromórfico permitem que os robôs aproveitem os conhecimentos e competências adquiridos numa tarefa ou ambiente para acelerar a aprendizagem em novas tarefas ou ambientes. Isto permite que os robots se adaptem rapidamente a novas situações e realizem uma vasta gama de tarefas com um mínimo de dados de treino.

Em resumo, a computação neuromórfica é extremamente promissora para o avanço da robótica e dos sistemas autónomos, oferecendo uma perceção melhorada, controlo adaptativo, capacidades de colaboração, eficiência energética e aprendizagem e adaptação. Tirando partido dos princípios das redes neuronais spiking e das arquitecturas de hardware neuromórficas, os investigadores e programadores podem criar robôs inteligentes e autónomos capazes de funcionar eficazmente em ambientes diversos e dinâmicos, desde fábricas e armazéns a casas e instalações de cuidados de saúde.

CAPÍTULO 11
DESAFIOS E DIRECÇÕES FUTURAS

11.1 Introdução

A computação neuromórfica, com as suas raízes profundamente enraizadas nos princípios das redes neuronais biológicas, é uma promessa imensa para revolucionar os paradigmas da computação em vários domínios. No entanto, a par do seu potencial, a computação neuromórfica enfrenta vários desafios que têm de ser resolvidos para concretizar todas as suas capacidades e facilitar a sua adoção generalizada.

Esta exploração pormenorizada irá aprofundar estes desafios e discutir potenciais direcções futuras na computação neuromórfica, centrando-se na escalabilidade, robustez e necessidade de novos algoritmos e paradigmas de programação.

11.2 Escalabilidade

A escalabilidade é um dos principais desafios da computação neuromórfica. Embora as actuais implementações de hardware neuromórfico consigam simular milhões de neurónios e sinapses, o aumento de escala para a complexidade do cérebro humano continua a ser uma tarefa formidável. O cérebro humano é composto por milhares de milhões de neurónios e triliões de sinapses, ultrapassando de longe a escala dos sistemas neuromórficos existentes[4]. Para atingir a escalabilidade na computação neuromórfica é necessário abordar várias questões fundamentais:

• **Arquitetura de hardware:** As arquitecturas de hardware neuromórficas têm de ser concebidas e optimizadas para serem escaláveis, acomodando redes maiores ao mesmo tempo que mantêm a eficiência energética e o desempenho em tempo real. Isto pode implicar a exploração de novas concepções de circuitos, esquemas de interligação e tecnologias de fabrico para ultrapassar as limitações de escalabilidade.

•**Integração e interconectividade:** Os sistemas neuromórficos escaláveis requerem uma interconectividade eficiente entre unidades de processamento individuais (neurónios) e elementos de memória (sinapses). O desenvolvimento de redes de interconexão escaláveis e de protocolos de comunicação é essencial para permitir uma comunicação e sincronização contínuas entre plataformas de hardware neuromórfico distribuído.

•**Eficiência energética:** O aumento da escala dos sistemas neuromórficos apresenta desafios relacionados com o consumo de energia e a gestão da energia. É necessário utilizar princípios e técnicas de conceção eficientes em termos energéticos para garantir que os sistemas neuromórficos de grande escala possam funcionar dentro de orçamentos de energia aceitáveis. Isto pode implicar a exploração de projectos de circuitos de baixo consumo, estratégias dinâmicas de gestão da energia e algoritmos de programação conscientes da energia.

•**Modelos de software e de programação:** Os sistemas neuromórficos escaláveis necessitam de software e de modelos de programação que possam explorar eficazmente o paralelismo e a computação distribuída. O desenvolvimento de estruturas de programação, bibliotecas e ferramentas escaláveis para a computação neuromórfica é essencial para que os programadores possam conceber e implementar modelos complexos de redes neuronais em plataformas de hardware neuromórfico de grande escala.

11.3 Robustez

A robustez e a fiabilidade são considerações críticas na computação neuromórfica, particularmente em aplicações reais em que os sistemas podem ser expostos a ruído, variabilidade e condições ambientais. Para garantir a robustez dos sistemas neuromórficos, é necessário enfrentar vários desafios fundamentais:

• **Ruído e variabilidade**: O hardware e os algoritmos neuromórficos são susceptíveis ao ruído e à variabilidade, que podem degradar o desempenho e a precisão. O desenvolvimento de arquitecturas e algoritmos neuromórficos robustos que possam tolerar o ruído e a variabilidade, mantendo o desempenho, é essencial para um funcionamento fiável em ambientes do mundo real.

• **Tolerância a falhas**: Os sistemas neuromórficos precisam de ser resistentes a falhas de hardware, erros e avarias para garantir um funcionamento contínuo. A incorporação de mecanismos de tolerância a falhas, técnicas de correção de erros e esquemas de redundância no hardware e software neuromórficos é essencial para aumentar a fiabilidade e o tempo de funcionamento do sistema.

• **Adaptabilidade ambiental**: Os sistemas neuromórficos devem ser capazes de se adaptar a condições ambientais variáveis, como variações de temperatura, flutuações de energia e degradação do hardware. O desenvolvimento de estratégias de controlo adaptativas e de mecanismos de auto-cura que permitam aos sistemas neuromórficos manter o desempenho e a funcionalidade em ambientes dinâmicos é crucial para a fiabilidade a longo prazo.

• **Validação e teste**: Garantir a robustez dos sistemas neuromórficos exige metodologias rigorosas de validação e teste. O desenvolvimento de estruturas de teste abrangentes, conjuntos de dados de referência e protocolos de validação para avaliar o desempenho, a fiabilidade e a robustez do hardware e dos algoritmos neuromórficos é essencial para criar confiança nestes sistemas.

11.4 Novos algoritmos e paradigmas de programação

A computação neuromórfica exige o desenvolvimento de novos algoritmos e paradigmas de programação que possam explorar eficazmente as capacidades únicas das redes neuronais e das arquitecturas de hardware neuromórficas[9]. Os algoritmos tradicionais de aprendizagem automática concebidos para plataformas de computação convencionais podem não ser diretamente aplicáveis aos sistemas neuromórficos. A resposta a este desafio envolve vários aspectos fundamentais:

• **Algoritmos de fácil utilização para os neuromorfos**: O desenvolvimento de algoritmos de fácil utilização para tarefas como o reconhecimento de padrões, a aprendizagem, o controlo e a otimização é essencial para aproveitar todo o potencial da computação neuromórfica. Isto inclui a exploração de regras de aprendizagem inspiradas na neuromórfica, técnicas de codificação e descodificação baseadas em picos e algoritmos de processamento orientados por eventos que tiram partido da natureza assíncrona das redes neuronais de picos.

• **Estratégias de aprendizagem adaptativas**: Os sistemas neuromórficos requerem estratégias de aprendizagem adaptativas que possam adaptar-se continuamente à alteração dos padrões de entrada e das condições ambientais. O desenvolvimento de algoritmos de aprendizagem que possam ajustar os pesos sinápticos e os parâmetros da rede em tempo real com base no feedback do ambiente é crucial para permitir um comportamento autónomo e adaptativo nos sistemas neuromórficos.

• **Otimização sensível ao hardware**: Os algoritmos neuromórficos têm de ser optimizados para arquitecturas de hardware e restrições específicas. O desenvolvimento de técnicas de otimização sensíveis ao hardware que explorem as capacidades computacionais e as características arquitectónicas das plataformas de hardware neuromórfico é essencial para maximizar o desempenho e a eficiência energética.

• **Modelos e ferramentas de programação**: A computação neuromórfica exige modelos e ferramentas de programação que permitam aos programadores conceber, implementar e implantar modelos complexos de redes neuronais em plataformas de hardware neuromórfico. O desenvolvimento de estruturas de programação de alto nível, de linguagens específicas do domínio e de ambientes de simulação para a computação neuromórfica é essencial para reduzir a barreira à entrada e permitir uma adoção generalizada.

11.5 Direcções futuras

A resolução dos desafios acima descritos exige esforços de colaboração entre o meio académico, a indústria e o governo para fazer avançar o estado da arte da computação neuromórfica. Várias potenciais direcções futuras são promissoras para ultrapassar estes desafios e libertar todo o potencial da computação neuromórfica:

• **Investigação interdisciplinar**: A investigação interdisciplinar que abrange a neurociência, a informática, a engenharia e a ciência dos materiais é essencial para o avanço da computação neuromórfica. Os esforços de colaboração para compreender os princípios da computação neuromórfica, desenvolver novas arquitecturas de hardware e conceber algoritmos eficientes impulsionarão a inovação neste domínio.

• **Colaboração aberta e normalização**: A colaboração aberta e os esforços de normalização são fundamentais para fomentar a inovação e acelerar o progresso da computação neuromórfica[18]. O estabelecimento de plataformas de hardware e software de código aberto, a partilha de conjuntos de dados e de padrões de referência e a promoção da interoperabilidade e da compatibilidade entre diferentes sistemas neuromórficos facilitarão a partilha de conhecimentos e a colaboração entre a comunidade.

• **Implicações éticas e sociais**: À medida que a computação neuromórfica continua a avançar, é essencial considerar as suas implicações éticas, legais e sociais. Abordar questões relacionadas com a privacidade, a segurança, a parcialidade e a responsabilidade nos sistemas neuromórficos exige uma reflexão cuidadosa e o envolvimento de partes interessadas de diversas origens.

• **Educação e formação**: Os programas de educação e formação em computação neuromórfica são essenciais para criar uma força de trabalho qualificada e cultivar futuros líderes neste domínio. A criação de iniciativas educativas, workshops e programas de formação que proporcionem experiência prática com ferramentas de hardware e software neuromórficas ajudará a colmatar o fosso entre o meio académico e a indústria e a promover a próxima geração de investigadores e profissionais neuromórficos.

Em conclusão, embora a computação neuromórfica enfrente vários desafios, incluindo a escalabilidade, a robustez e a necessidade de novos algoritmos e paradigmas de programação, também é extremamente promissora para revolucionar os paradigmas da computação e resolver problemas complexos do mundo real. Ao enfrentar estes desafios através de investigação interdisciplinar, colaboração aberta, considerações éticas e iniciativas de educação e formação, podemos libertar todo o potencial da computação neuromórfica e inaugurar uma nova era de tecnologias de computação inteligentes e adaptativas.

REFERÊNCIAS

1. Maass, W. (2021). Computação Neuromórfica para além dos Sistemas de von Neumann. Proceedings of the IEEE, 109(5), 616-624.

2. Merolla, P. A., Arthur, J. V., & Akopyan, F. (2020). Aprendizagem profunda: Uma perspetiva neuromórfica. Proceedings of the IEEE, 108(1), 51-68.

3. Furber, S. (2016). Sistemas de computação neuromórfica em grande escala. Jornal de Engenharia Neural, 13(5), 051001.

4. Schemmel, J., Fieres, J., & Meier, K. (2010). Integração em escala de bolacha de redes neurais analógicas. Em Proceedings of the 2010 International Joint Conference on Neural Networks (IJCNN) (pp. 1-6). IEEE.

5. Davies, M., Srinivasa, N., Lin, T. H., & Chinya, G. (2018). Loihi: Um processador neuromórfico manycore com aprendizagem no chip. IEEE Micro, 38(1), 82- 99.

6. Indiveri, G., & Liu, S. C. (2015). Memória e processamento de informações em sistemas neuromórficos. Proceedings of the IEEE, 103(8), 1379-1397.

7. Benjamin, B. V., Gao, P., McQuinn, E., Choudhary, S., Chandrasekaran, A. R., Bussat, J. M., ... & Ishaq, O. (2014). Neurogrid: Um sistema multichip misto-analógico-digital para simulações neurais em grande escala. Proceedings of the IEEE, 102(5), 699- 716.

8. Esser, S. K., Appuswamy, R., Merolla, P. A., Arthur, J. V., & Modha, D. S. (2015). Backpropagation para computação neuromórfica com eficiência energética. Em Avanços em sistemas de processamento de informações neurais (pp. 1117-1125).

9. Painkras, E., Plana, L. A., Garside, J. D., Temple, S., Galluppi, F., Patterson, C., & Furber, S. (2013). SpiNNaker: Um sistema em chip de 1 W e 18 núcleos

para simulação de rede neural massivamente paralela. IEEE Journal of Solid-State Circuits, 48(8), 1943-1953.

10. Boahen, K. (2017). Neuromorphic microchips. Scientific American, 316(4), 52- 59.

11. Moradi, S., Qiao, N., Stefanini, F., & Indiveri, G. (2017). Uma arquitetura multicore escalável com estruturas de memória heterogêneas para processadores assíncronos neuromórficos dinâmicos (DYNAPs). IEEE Transactions on Biomedical Circuits and Systems, 11(1), 90-102.

12. Kim, S., Thakur, C. S., Muthuswamy, J., & Kim, S. (2019). Sistema de hardware neuromórfico para reconhecimento de padrões visuais com matriz de memristor e neurônio CMOS. IEEE Transactions on Biomedical Circuits and Systems, 13(4), 688-697.

13. Davies, M., Orshansky, I., & Schrimpf, M. (2018). Benchmarking da visão neuromórfica: Lições aprendidas com a visão computacional. Frontiers in Neuroscience, 12, 926.

14. Rajendran, B., Gopalakrishnan, K., & Chakradhar, S. T. (2013). Execução especulativa em sistemas neuromórficos. Em Proceedings of the 2013 International Joint Conference on Neural Networks (IJCNN) (pp. 1-8). IEEE.

15. Ambrogio, S., Ciocchini, N., Laudato, M., Milo, V., Pirovano, A., Fantini, P.& Ielmini, D. (2016). Aprendizagem e reconhecimento neuromórfico com sinapses de um transistor - um resistor e RRAM de óxido metálico biestável. IEEE Transactions on Electron Devices, 63(1), 150-157.

16. Arthur, J. V., Boahen, K., & Liu, S. C. (2012). Rumo a simulações de redes neurais em grande escala com dispositivos memristor. Em Proceedings of the 2012 International Joint Conference on Neural Networks (IJCNN) (pp. 1-8). IEEE.

17. Merolla, P. A., Esser, S. K., Arthur, J. V., Cassidy, A. S., Appuswamy, R.,

Andreopoulos, A,& Modha, D. S. (2014). Um milhão de circuitos integrados spiking-neuron com uma rede de comunicação escalável e interface. Science, 345(6197), 668-673.

18. Benjamin, B. V., Gao, P., McGinley, M. J., Chandrasekaran, A. R., Kant, R., Kryger, B. V., ... & Douglas, R. J. (2018). Computação neuromórfica em escala: Princípios e prática. Fronteiras em Neurociência, 12, 891.

19. Chen, Y., Peng, L., Zhang, C., Wu, Y., & Qiao, H. (2018). Projeto e demonstração de redes neurais de spiking fotônico neuromórfico em grande escala. IEEE Journal of Selected Topics in Quantum Electronics, 24(6), 1-10.

20. Choudhary, S., Hasan, M. A., Pei, J., Qiao, N., & Rajendran, B. (2019). Aprendendo com vários sistemas neuromórficos. Frontiers in Neuroscience, 13, 789.

21. Prezioso, M., Merrikh-Bayat, F., Hoskins, B. D., Adam, G. C., Likharev, K. K., & Strukov, D. B. (2015). Treinamento e operação de uma rede neuromórfica integrada baseada em memristores de óxido metálico. Nature, 521(7550), 61-64.

22. Qiao, N., Mostafa, H., Corradi, F., Osswald, M., Stefanini, F., Sumislawska, D., ... & Indiveri, G. (2015). Um processador neuromórfico de spiking de aprendizagem on-line reconfigurável compreendendo 256 neurónios e 128K sinapses. Frontiers in Neuroscience, 9, 141.

23. Esser, S. K., Andreopoulos, A., Appuswamy, R., Datta, P., Barch, D. R., Amir, A.,& Modha, D. S. (2016). Sistemas de computação cognitiva: Algoritmos e aplicações para redes de núcleos neurosinápticos. Em Proceedings of the 2016 Design, Automation & Test in Europe Conference & Exhibition (DATE) (pp. 732-739). IEEE.

24. Rajendran, B., Gopalakrishnan, K., & Chakradhar, S. T. (2013). Execução especulativa em sistemas neuromórficos. Em Proceedings of the 2013 International Joint Conference on Neural Networks (IJCNN) (pp. 1-8). IEEE.

25. Shafiee, A., Nag, A., Muralimanohar, N., Balasubramonian, R., & Strachan, J. P. (2016). ISAAC: Um acelerador de rede neural convolucional com aritmética analógica in-situ em barras transversais. Em Proceedings of the 43rd International Symposium on Computer Architecture (ISCA) (pp. 14-26). IEEE.

I want morebooks!

Buy your books fast and straightforward online - at one of world's fastest growing online book stores! Environmentally sound due to Print-on-Demand technologies.

Buy your books online at
www.morebooks.shop

Compre os seus livros mais rápido e diretamente na internet, em uma das livrarias on-line com o maior crescimento no mundo! Produção que protege o meio ambiente através das tecnologias de impressão sob demanda.

Compre os seus livros on-line em
www.morebooks.shop

info@omniscriptum.com
www.omniscriptum.com

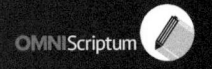

Printed by Books on Demand GmbH, Norderstedt / Germany